农作物病虫害绿色防控技术丛书

农作物害虫
光源诱控技术

NONGZUOWU HAICHONG GUANGYUAN YOUKONG JISHU

全国农业技术推广服务中心　组编

朱景全　朱晓明　主编

中国农业出版社
北京

主　　编　朱景全　朱晓明

副 主 编　朱 芬　王小平　徐　翔

编写人员　（按姓氏笔画排列）

　　　　　王小平　卢 柠　朱 芬　朱晓明　朱景全

　　　　　刘万锋　李 娜　李志蓉　何海洋　余 浪

　　　　　张东霞　陈立玲　卓富彦　郑卫锋　赵 磊

　　　　　赵慧媛　姜 雷　徐 翔　黄求应　曹金娟

　　　　　蒲德强　雷朝亮　薛 争

序 ——PREFACE

"高产、优质、高效、生态、安全"是我国现代农业发展的根本方向，"资源节约型、环境友好型"是我国现代农业建设的根本要求。自2006年农业部提出"公共植保、绿色植保"理念以来，全国各级植保机构大力推广农作物病虫害绿色防控技术，成效显著。据统计，绿色防控覆盖率从2012年的12%，提高到2020年的41.5%。绿色防控技术的广泛推广应用，不仅有效控制了重大病虫危害，还促进了农作物的提质增效、品牌发展和农业生态环境的改善。

农作物害虫光源诱控技术是利用昆虫的趋光行为，采用特定波长的光源，对农作物害虫成虫进行诱杀的物理诱控技术。光源诱控技术在我国的应用历史较长，曾先后发明了利用白炽灯、黑光灯、高压汞灯、双波灯、频振式杀虫灯、风吸式诱虫灯等诱杀害虫的技术。目前，光源诱控技术作为绿色植保的一项重要技术广泛应用于蔬菜、果园、茶园、烟草、园林害虫以及部分粮食作物害虫的防治，可以有效减少化学农药的使用量，对环境无污染。

全国农业技术推广服务中心联合华中农业大学，于2009—2020年连续12年在主要农作物上进行了光源诱控技术的研究与示范推广工作，提高了诱控效果，增加了保护天敌的功能，完善了田间应用技术，制定了田间应用技术规范，将研究与示范推广结果整理成书，并出版发行，对推进农作物害虫光源诱控技术广泛应用具有重要意义。

　　该书系统总结了光源诱控技术原理与应用范围、田间布局与安装使用以及常见技术问答，详细介绍了该技术在防控水稻害虫、花生地下害虫、蔬菜害虫、果园害虫、棉花害虫、玉米害虫以及茶树害虫中的具体应用规范，包括安装与布局、技术参数、维护与管理、注意事项与局限性，并辅以应用案例进行说明。该书图文并茂，技术内容翔实，针对性、实用性和可操作性较强，是一本适于指导广大农民朋友科学使用光源诱控技术的操作指南。

中国工程院院士
西北农林科技大学教授

2021 年 4 月 25 日

前　言 —— FOREWORD

　　全国农业技术推广服务中心联合华中农业大学组织有关省（自治区、直辖市）植物保护站、相关企业等单位，在2009—2020年开展了农作物害虫光源诱控技术试验示范与推广应用工作。编者对多年来农作物害虫光源诱控技术试验与示范结果进行了系统的分析与总结，现将农作物害虫光源诱控技术汇编成册，供读者参考，为普及农作物害虫绿色防控技术提供示范和借鉴。

　　农作物害虫光源诱控技术是利用昆虫的趋光行为，采用特定波长的光源，对农作物害虫成虫进行诱杀的物理诱控技术。光源诱控技术在我国有较长的应用历史，古代就有关于民间用篝火、火把、油灯等诱杀害虫的记载。新中国成立后，我国先后发明了利用白炽灯、黑光灯、高压汞灯、双波灯诱杀害虫的技术，但由于这些灯存在较大的局限性，没有获得大面积推广应用。20世纪90年代频振式光源诱控灯的问世，大大推进了农作物害虫光源诱控技术的发展，该灯利用不同波长的光波干扰害虫的活动，对天敌的杀伤较轻，被广泛应用于农业和园林害虫的防治。近年来，随着太阳能、LED等新能源诱虫灯以及风吸式诱虫灯的研发，光源诱控技术进入了低能耗和绿色化时代，且不需要在田间拉电线，安装、使用更加方便，得以大范围推广应用。目前，光源诱控技术广泛应用于蔬菜、果园、茶园、烟草、园林以及部分粮食作物害虫的防治。

随着大面积的推广应用，光源诱控技术已成为农作物害虫绿色防控的重要技术之一。经过在全国31个省（自治区、直辖市）10多年的试验示范，田间应用技术不断完善，与其他绿色防控技术集成使用，能够取得较好的防治效果，并能有效降低化学农药的使用，在确保农业生产安全、生态安全和农产品质量安全方面发挥了积极作用，是一项能够贯彻落实"公共植保、绿色植保"理念，符合农产品安全生产要求的害虫防控技术。

我国农作物害虫光源诱控技术的开发与应用还在不断探索和发展中，在使用过程中还有很多局限性和不足。一是光源诱控技术产品质量参差不齐。目前，生产光源诱控技术产品的企业越来越多，产品型号也越来越多，但大多在灯的外形上进行改变，却没有在针对特定波长上进行创新，而不同波长光源的害虫引诱效果差别较大。二是农作物害虫光源诱控技术需要连片大面积使用效果才能显现，而目前，我国从事农业生产的农户种植规模较小，一家一户为主的小规模分散式农业生产模式是光源诱控技术推广中遇到的主要障碍之一。三是应用成本偏高，农作物害虫光源诱控技术产品价格偏高，应用直接成本比化学农药高了不少，国家缺乏相应的补贴政策，普通农户主动购买的动力不足。四是技术集成度较低，目前害虫光源诱控技术大多还是单独使用，与其他绿色防控技术的集成配套不够，尚有待于加大集成力度，使之融入全程绿色防控技术模式之中。

在农作物害虫光源诱控技术的推广应用过程中，得到了有关省（自治区、直辖市）植保站以及绿色防控示范县（市、区）的大力支持。在材料选编和写作过程中，得到了中国农业科学院植物保护研究所张礼生研究员、王振营研究员，华中农业大学雷朝亮教授，中国农业大学张龙教授以及全国农业技术推广服务中心郭荣首席专家和赵中华推广研究员等有关专家的指导，在此一并表示衷心的感谢！

由于作者水平有限，疏漏和不足之处在所难免，敬请读者批评指正！

编　者

2021 年 4 月

目 录
CONTENTS

⊙第四章　光源诱控灯应用技术

⊙第五章　光源诱控常见应用技术问答

第一章

光源诱控技术原理及应用范围

一、技术原理

昆虫的趋光行为是昆虫众多趋性行为（对光、温度、湿度和化学物质）中的一种。昆虫趋光行为又分为正趋光行为和负趋光行为。正趋光行为是昆虫趋向光源的活动，而负趋光行为是昆虫背向光源的活动。大部分昆虫具有正趋光性，少部分昆虫具有负趋光性。

1. 昆虫的感光器官

昆虫是通过视觉系统来感受外界光信号的。昆虫的视觉系统主要由视觉器官、视叶和一些神经纤维通路组成。由视觉器官把光信号转换为电信号传到视叶，最后传到脑，类似于对光信息进行编码、传输和解码的一个过程。通过这种信息整合、传递和产生方式，最终使得昆虫能够感受到光并对光做出反应。昆虫的视觉器官主要有复眼、背单眼和侧单眼等不同种类；视叶分为神经节层、外髓、内髓板和内髓 4 个髓质区。视觉系统对昆虫的求偶、觅食、休眠、滞育、寻找同伴、躲避天敌和决定行为方向等都有重要作用。

昆虫成虫的主要光感受器官是复眼。复眼由数目不等的小眼组成，小眼由外向内分为 6 个组成部分：角膜、角膜细胞、晶锥细胞、视杆、色素细胞和底膜。直接接受光信号的结构为视杆。成虫的背单眼也能介导昆虫的趋光性。背单眼的基本结构包括1个角膜晶体、1层角膜深层细胞、视杆、视觉细胞以及色素细胞。背单眼介导的趋光性并不需要复眼的配合。侧单眼位于全变态昆虫幼虫头部两侧，侧单眼的结构与复眼的小眼类似，分为屈光器和光感受器两大部分，也包括角膜、晶体和视杆等结构。由于全变态昆虫幼虫无复眼和背单眼，因此光的感受主要由侧单眼负责。

2.昆虫的趋光行为特点

人类通过自身肉眼感知的可见光谱（390～760纳米）将整个电磁波谱划分为不同的范围，即红外光区（波长长于可见光谱）、可见光区（不同波长的单色光通过刺激视觉神经后在大脑中呈现不同的颜色）、紫外光区（波长短于可见光谱）。太阳光及人造日光灯等的连续光谱，穿过空气介质照射在物体上后，会经历吸收、折射、散射和反射等过程，所以最终引起生物视觉反应的光，大部分都是散射或反射光谱，且是由不同波长单色光混合而成的复色光。昆虫视觉器官的光谱感知范围不同于人类。昆虫既能识别人类可见光谱，也能感知人眼感知范围之外的光谱。不同昆虫的光谱感知范围以及不同波长和强度下的行为反应因种类而异。

昆虫对光的识别是在特定环境下长期进化的结果。昆虫对特定波长的光具有敏感性，原因是复眼小眼或单眼内含有对特定范围光谱敏感的视觉细胞，视觉细胞膜上存在跨膜视蛋白和载色体（视黄醛），二者共同构成感光色素，感光色素的光谱吸收性在很大程度上决定了感光细胞的光谱敏感性。

昆虫对不同波长单色光的趋性存在差异，两种或多种波长的单色光混合后会形成复色光，昆虫对复色光的反应比单色光复杂。自然界中多彩的颜色多数是复色光，不同昆虫对不同波长组合的复色光有不同的反应。光强度也能影响昆虫的趋光行为。

昆虫的趋光行为表现还因昆虫的性别、虫龄、取食和交配情况的不同而不同。温度是影响趋光行为的重要因素，在一定范围内温度越高，趋性行为越强，原因是温度能够对昆虫小眼的瞳孔变化产生影响。

3.昆虫的趋光性假说

尽管研究者对昆虫的趋光性从各个层面进行了大量的研究，但对于解释昆虫为何趋光还存在一定的争议。目前人们比较认可的主要有光定向行为假说、生物天线假说、光干扰假说和光胁迫假说。

光定向假说认为昆虫趋光是由昆虫光罗盘定向造成的，即许多夜间活动的昆虫会以某一天体作参照，以身体纵轴垂直于天体与昆虫躯体的连线进行活动；夜间的灯光也会被昆虫当作定向参照物，但这个参照物要比天体近许多，结果使昆虫产生螺旋形向灯飞行轨迹，这种轨迹最终导致昆虫飞向光源。

生物天线假说则从逆仿生学的角度提出理论，认为昆虫趋光是因为求偶行为所致，即昆虫的触角有各种各样的突起、凹陷及螺纹，这些结构类似现代使用的天线装置，使昆虫的触角可以感受信息素分子的振动而吸引昆虫，灯光中的远红外线光谱与信息素分子的振动谱线一致，昆虫的触角可以感受该信息导致趋光。

光干扰假说认为夜行性昆虫适应暗区的环境，进入灯周亮区时，光干扰了其正常行为。由于暗区的亮度低，昆虫无法返回暗区而在亮区继续活动而导致扑灯。

从昆虫趋光行为的"光定向假说"和"光干扰假说"中不难发现，昆虫的趋光行为均为正常运动行为受到光胁迫影响后的响应结果——光胁迫结果。畏光性昆虫的避光行为是光胁迫下的结果更易于理解。畏光性昆虫长期生活于黑暗中，细胞内缺乏由于长时间光照（包括紫外光和可见光）对细胞造成的不利影响的修复系统，因而在长期的进化过程中，畏光性昆虫进化出了一套对光敏感的神经回路，这种见光即避的习性使畏光性昆虫能最大限度地减少光对其身体的损害，具有进化上的优势。趋光性昆虫并非本身喜光，因为大多数趋光性昆虫为夜行性昆虫，在白天有太阳光时，并不出来活动。在夜间的人工光源作用下，则向光飞行，并表现出比较疯狂的行为。这可能是由于在正常的生物节律调节下，这些昆虫白天进入静息状态，因而对光不敏感；而在晚上出来活动时能够接受光，尤其是紫外光刺激，并产生应激反应，导致乙酰胆碱酯酶活性降低，乙酰胆碱浓度高出正常水平，使昆虫处于一种持续兴奋的状态，而且这种持续兴奋状态类似于神经毒剂杀虫剂滴滴涕引起的昆虫趋向杀虫剂的运动。这也能解释为何在夏天的路灯下，常有大量的蚊虫尸体，这是由于趋光昆虫在光的胁迫下，持续兴奋而致死的结果，这是昆虫趋光行为的"光胁迫假说"的最好佐证。

4.光源诱控的原理

昆虫的复眼不但能分辨近处物体的物象，而且对光的强度、波长和颜色等都有较强的分辨能力，能看到人类所不能看到的短光波。昆虫可见光波的范围与人类不同，人眼可见波长在390～750纳米之间，对红色最为敏感，对紫外光和红外光均不可见，而昆虫可见波长范围在250～700纳米之间，许多昆虫对330～400纳米的光较为敏感，尤其是夜行性昆虫。因此，目前的光源诱控灯大部分使用了320～400纳米波长的光源，引诱昆虫扑灯，然后通过高压电网、风吸式装置或者其他装置将昆虫捕获、击晕或致死。

（1）频振式光源诱控灯诱虫原理。频振式光源诱控灯根据不同的防治对象，利用昆虫复眼对不同波长光的趋性差异，配备了不同配比的荧光粉，增强了光源诱控灯对鳞翅目、鞘翅目、半翅目等害虫的诱杀效果。频振式光源诱控灯在传统的灯诱技术基础之上，特别配有保护器、触杀高压电网、梯形升压器三种器件，组成自动放电回路，形成频振技术，确保光源诱控灯的高压电网每秒有100次从高电压到零电压的转变过程，实现当电网短路后自动形成放电回路，确保人畜安全，并能起到雨天潮湿网线短路时对光源诱控灯的保护作用（图1-1、图1-2）。针对昆虫不同时段的活动习性，频振式光源诱控灯配有时段控制装置，可根据害虫活动规律，在靶标害虫发生高峰期，在害虫活跃时间段内进行诱控。根据电源不同，有交流电供电式和太阳能供电式（图1-3、图1-4）。

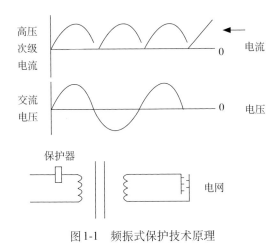

图1-1　频振式保护技术原理

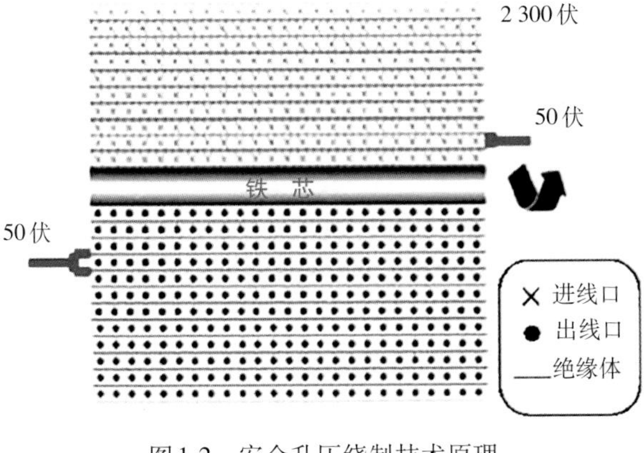

图1-2　安全升压绕制技术原理

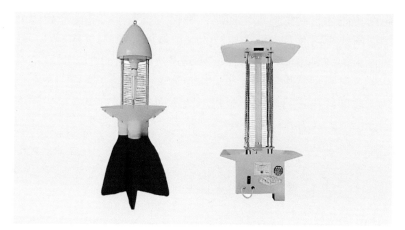

图1-3　交流电供电式灯

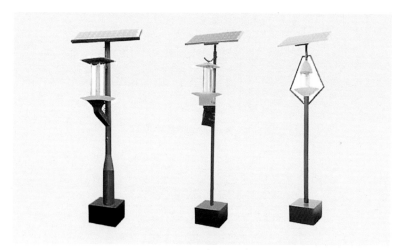

图1-4　太阳能供电式灯

（2）新型风吸式太阳能光源诱控灯诱虫原理。新型风吸式太阳能光源诱控灯利用太阳能电池板将太阳能转换为电能为系统供电，采用特定波段（380～780纳米）光谱光源诱集夜间活动的趋光性害虫，螺旋风机产生风动力将诱集到灯周围的靶标害虫吸入下方的储虫袋中（图1-5），储虫袋上设计有益虫逃

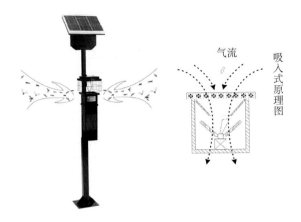

图1-5 风吸式光源诱控灯工作原理

生孔（图1-6），更好地保护天敌，能够在湿度≥95%的环境下正常工作（图1-7）。可根据植物生长情况调节光源诱控灯的设置高度，结合特定性诱剂，形成光、性相结合的理化诱控技术，增强诱虫效果。利用风吸式光源诱控灯诱控技术控制农业害虫，不仅杀虫谱广、诱虫量大，持续有效进行诱杀，不产生抗性，而且对人、畜安全，安装使用方便。

图1-6 益虫逃生孔

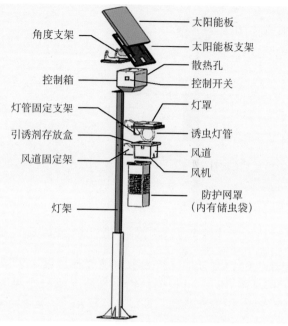

角度支架
控制箱
灯管固定支架
引诱剂存放盒
风道固定架
灯架

太阳能板
太阳能板支架
散热孔
控制开关
灯罩
诱虫灯管
风道
风机
防护网罩
（内有储虫袋）

图1-7　新型风吸式太阳能光源诱控灯产品结构图

5.光源诱控灯的种类

光源诱控灯的种类非常多，从光源类型来看，直流晶体管黑光灯、单管黑白双光灯、高压汞灯、频振灯、双波灯、LED新光源灯等多种新型光源被研发出来，有力地促进了光源诱控技术的发展。目前应用较为普遍的是频振灯和LED新光源灯。LED光源具有波长窄、类型丰富、高亮度、低热量、低耗电量、使用寿命较长等特点，目前在光源诱控灯中应用较为普遍。从电源供电方式来看，目前有交流电供电和太阳能供电两种类型。由于太阳能供电方式是利用太阳能电池板将太阳能转换为电能供电，不用拉电线，使用方便，而且是清洁能源，受欢迎程度较高。从杀虫方式来看，主要有高压电网触杀和风吸式捕杀等类型，由于风吸式利用螺旋风机产生风动力将扑灯昆虫吸入下方的储虫袋，而不直接杀死昆虫，储虫袋上设计有益虫逃生孔，可以减少对天敌的杀伤，普遍受到欢迎。

二、技术应用范围

目前，光源诱控技术可广泛应用于绿色、有机果蔬生产、茶叶生产、粮油作物生产、现代农业产业园建设、绿色城市园林建设及烟草、林业、仓储、水产养殖、畜牧业等领域。主要应用于诱杀危害小麦、玉米、水稻、马铃薯、棉花、大豆、花生、蔬菜、果树、茶叶以及烟草、中药材等作物上的13目67科150多种常见害虫。

表1-1 光源诱控害虫种类

鳞翅目	三化螟、二化螟、玉米螟、稻纵卷叶螟、大螟、稻螟蛉、瓜绢螟、菜螟、苹果蠹蛾、美国白蛾、草地螟、豆荚螟、桃蛀螟、斜纹夜蛾、甜菜夜蛾、银纹夜蛾、棉铃虫、小地老虎、壶嘴夜蛾、桃剑纹夜蛾、黏虫、马尾松毛虫、天幕毛虫、尘污灯蛾、人纹污灯蛾、扁刺蛾、黄刺蛾、绿刺蛾、青刺蛾、梨小食心虫、大造桥虫、绿尾大蚕蛾、茶白毒蛾、双线盗毒蛾、白薯天蛾、芋单线天蛾、小菜蛾、直纹稻弄蝶、东方菜粉蝶
鞘翅目	东方金龟子、红脚绿丽金龟、铜绿丽金龟、中华丽金龟、小青花金龟、白星花金龟、褐天牛、星天牛、大猿叶甲、黄曲条跳甲、负泥虫、大黄斑芫菁、褐纹金针虫、大龙虱
半翅目	大白叶蝉、黑尾叶蝉、电光叶蝉、小绿叶蝉、大青叶蝉、二点黑尾叶蝉、白背飞虱、褐飞虱、拟褐飞虱、稻赤斑黑沫蝉、大稻缘蝽、稻绿蝽、稻褐蝽、茶翅蝽、小斑红蝽、四斑红蝽、梨网蝽、田鳖
直翅目	长翅稻蝗、短额负蝗、螽斯、油葫芦、蝼蛄

三、技术应用前景

随着生活水平的提高，人们对农产品质量安全的意识和要求越来越高，农药残留超标等问题越来越受到关注，迫切需要推广符合绿色农业生产、农产品质量安全要求，且对生态环境无害的害虫防治技术。

光源诱控害虫技术是一种物理防控技术，通过诱杀趋光性成虫，有效降低下一代虫口基数，起到预防害虫大发生的作用。同时，不产生农药残留，对土壤、水源、大气等环境不造成污染，害虫也不易产生抗药性，符合现代绿色生态农业发展方向和可持续农业发展的要求。随着光源诱控技术的杀虫效率、靶标性等方面进一步提高，光源诱控技术会成为我国绿色防控的重要技术，特别是会成为绿色、有机农产品和优质农产品生产中必不可少的害虫防治技术之一。

第二章

光源诱控灯田间布局和安装使用

一、光源诱控灯的田间布局

诱控光源的布局一般有三种方法,一是棋盘状布局,二是闭环状布局,三是小"之"字形布局。棋盘状布局一般在比较开阔的地方使用,各灯之间间隔200～240米(图2-1)。闭环状布局主要针对局部危害较重的区域,防止害虫外迁或为开展试验需要,各灯间隔200～240米(图2-2)。小"之"字形布局主要应用在地形较狭长的区域,同条线路中各灯间隔350米左右,相邻两条线路中两灯间隔200米左右,两条相邻线路之

图2-1 棋盘状布局示意图

间间隔97米为宜（图2-3）。如果安灯区地形不平整，或有物体遮挡，或只针对某种害虫特定的控制范围，则可根据实际情况采用其他布局方法。但无论采用哪种布局方法，都要以单灯辐射半径100～120米来计算控制面积，以达到最佳控制效果。

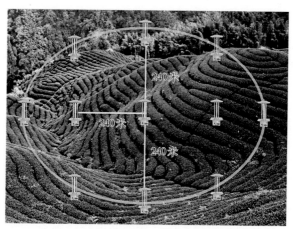

图2-2 闭环状布局示意图

图2-3 小"之"字形布局示意图

二、光源诱控灯的安装使用

1.频振式光源诱控灯的安装使用

（1）电源电线选择安装。要根据所购灯的类型选择220伏、50赫兹的交流电源，电压波动范围须在±5%以内，过高或过低都会使灯不能正常工作，甚至造成损坏。为便于日后管理，在用灯数量较多的地区，最好统一安装一个电表和总开关，另外，在线路中要安装总路闸刀和支路闸刀，以便挂灯和维护维修（图2-4至图2-6）。

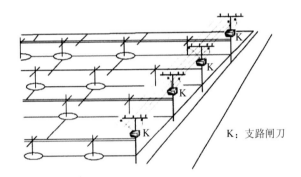

图2-4 频振式光源诱控灯棋盘状分布线路图

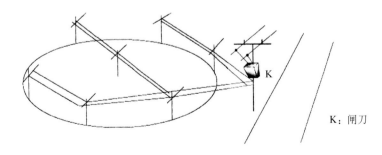

图2-5 频振式光源诱控灯闭环状分布线路图

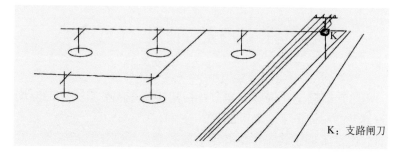

K：支路闸刀

图2-6　频振式光源诱控灯小"之"字形分布线路图

（2）**电杆的排列与安装**。电杆的位置最好与灯的布局位置相符，根据装灯的需要，可以采用一线排列或多线排列。没有电杆的地方要用2.5米以上的木桩作为临时线杆，不能随地拉线，以防发生意外事故。

（3）**光源诱控灯的安装使用**。光源诱控灯的挂灯方法有横担式、杠杆式、三脚架式、吊挂式等，如图2-7所示。

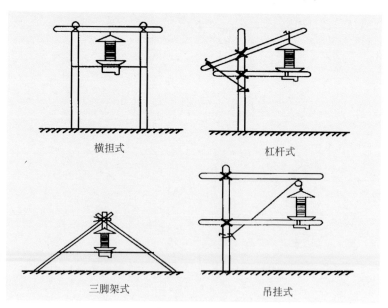

横担式　　　　　　　杠杆式

三脚架式　　　　　　吊挂式

图2-7　光源诱控灯的挂灯方法

2.风吸式太阳能光源诱控灯的安装使用

（1）浇筑水泥基础座。把产品配套的底脚铁架打开，用固定条连接任意两边，在需安装的地点挖一个大小约50厘米×50厘米×50厘米的坑，将撑开的底脚架水平放置在坑内，用搅拌好的水泥浇筑，需浇至底脚架螺帽部分，但螺帽处需留3厘米用于安装灯具，待水泥凝固即可安装（图2-8、图2-9）。若是水泥地则不需浇筑基座，直接用膨胀螺丝固定灯具即可。

图2-8　底脚铁架

图2-9　浇筑水泥基座

（2）组装产品。打开包装，对应说明书上的配件清单，检查配件是否齐全。所有配件均为集成配件，每个接口有对应的标签（每个产品中都备有安装工具及备用灯管和冬季防护袋）。按照说明书上的5个步骤进行组装：拆箱、穿线、对应颜色线连接、调节时控器、螺丝固定（图2-10至图2-12）。

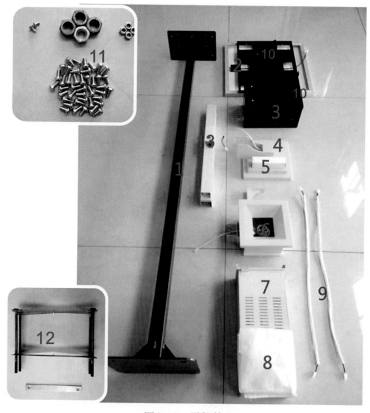

图2-10 零部件

1.灯杆 2.太阳能板 3.控制箱 4.灯罩 5.灯管 6.风道 7.网罩
8.储虫袋 9.连接线（2根） 10.支架（4块，2正2反）
11.配套螺丝（内六角螺丝42颗、十字螺丝2颗、大螺帽4颗、小螺帽4颗）
12.底脚架 13.移动灯杆架

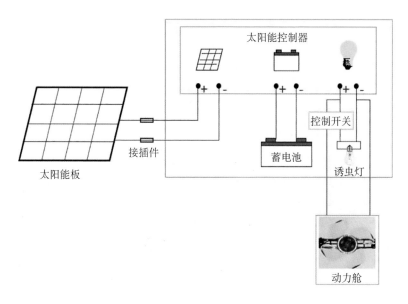

图2-11　产品线路图

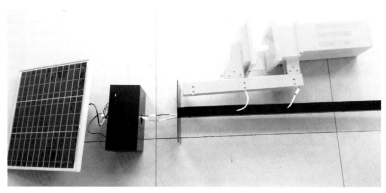

图2-12　线路连接

（3）固定产品。将组装完成的产品安装到浇筑好的水泥基座上，对好孔位，拧好螺丝，检查开关，安装完成（图2-13）。

图2-13　安装好的诱虫灯

第三章

光源诱控灯的维护与使用注意事项

一、光源诱控灯的维护与管理

使用前应认真阅读产品说明书，详细了解安全使用知识。太阳能光源诱控灯在选择安装区域时，应选择光照好、管理方便的区域，将太阳能板方向调向正南，避免安装在遮阴的区域。在工作状态下，不宜对诱控灯进行检查和维修，以防止发生意外事故，若需要检修，须先切断电瓶电源后，按产品使用说明书的要求进行检查。连续出现阴雨天气时，可能导致太阳能系统蓄电不足，应手动关闭开关，天气好转 1 ~ 2 天后，再打开开关。一般太阳能诱控灯产品自带温控系统，天气寒冷的深秋或冬季温度低于 10℃，则会自动停止工作。风叶在工作中若粘上虫子，会影响风机使用寿命，应每 15 天清理一次储虫袋，以便正常工作。应定期检查太阳能电池板有无破损或表面有无灰尘和污垢，做到及时清理、及时更换，避免发电效率下降。翌年春季开灯使用前，应仔细检查各部件是否正常，若出现异常，请及时联系厂家维修。在冬季等不工作的情况下需关掉开关，套上冬季防护袋或移至室内，避免蓄电池过放电，以延长太阳能板等各组件使用寿命（图 3-1）。

在使用频振式光源诱控灯时，架设电源、电线需要专业人员操作，不能随意拉线，确保用电安全。接通电源后请勿触摸高压电网，灯下禁止堆放柴草等易燃品。使用电压应为

朝向正南安装

工作状态禁止检查、维修，切断电源后方可维修

每15天清理一次储虫袋

注意：严禁直接外接电源；非专业人员勿私自操作；禁止作家用照明

图3-1 维护与管理（严格按照说明书操作）

210 ～ 230伏，雷雨天气尽量不要开灯，以防电压过高。诱虫高峰期定期对集虫装置和诱杀装置进行清理。

二、光源诱控灯使用注意事项

光源诱控灯诱杀昆虫具有广谱性，因此光源诱控灯在诱杀害虫的同时，对天敌也具有较强的杀伤力。由于对昆虫趋光性研究的局限性，目前的光源诱控灯不具备对益虫和害虫区别诱控的性能，没有目标害虫的专用光源诱控灯，建议最好不要在生物多样性调控较好的地区使用，在适合使用的地区应该做好害虫发生趋势的监测预警，做到适期开灯。许多趋光性害虫晚间活动时间多在20 ～ 23时，在这段时间开灯，既可以将晚间活动高峰期的害虫诱杀，同时缩短对天敌的诱杀时间，还能延长光源诱控灯的使用寿命。

光源诱控应与其他防控手段相结合。昆虫对光的敏感度和选择性存在差异，单一波长或者一定波段的光源诱控灯无法诱杀所有种类害虫，要有针对性地结合健康栽培、农业防治、理化诱控、生物防治以及科学用药等措施，才能达到良好的效果。光源诱控灯在山区使用时往往需要增加设灯密度，才能取得预期效果。各地应根据当地实际的作物布局、栽培习惯、害虫发生情况合理布局，尽可能大面积连片使用。注意做好技术培训和宣传，确保做到科学合理使用和管控。

第四章
光源诱控灯应用技术

一、防控绿色和有机水稻害虫应用技术

水稻生长过程中会发生多种害虫，这就需要做好害虫防治工作。因为害虫种类不同，加上绿色和有机水稻对农残超标的限制要求严格，要谨慎使用农药，所以在水稻害虫防治工作中，可以应用光源诱控灯这样的绿色环保产品，降低农药的使用量，在不破坏生态环境的同时有效防治害虫，减轻水稻生长的影响，既能保证经济效益，使得水稻的生长更加健康，提高水稻品质，增加农民收入，又能保证农业生态环境安全。

1.光源诱控灯安装与布局

挂灯高度：频振式光源诱控灯的底端（袋口）距地面1.2米左右，地势低洼环境可提高至1.5米左右（图4-1）；风吸式太阳能光源诱控灯诱虫光源（吸虫口）高于水稻顶端50～80厘米，地势低洼环境可提高30～50厘米，诱集成虫效果能达到最佳（图4-2、图4-3）。可根据作物生长高度，在作物不同生长时期调节光源诱控灯高度。光源诱控灯尽量安装在水稻田边缘，根据稻田实际情况采取不同布局方式。

距地面1.2米左右 ————————

支杆可升降调节 ————————

图4-1　频振式光源诱控灯

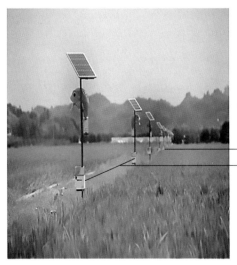

集中连片应用效果更好
单灯控制直径90 ～ 150米

图4-2　风吸式太阳能光源诱控灯

工作原理为吸风口及诱虫灯安装角度朝下斜角45°，无灯下黑，利用灯光引诱，昆虫接近吸风口，通过风扇转动产生空气负压，把昆虫吸入集虫瓶内

集虫瓶设有益虫逃生孔，百叶窗通风对流设计，增加益虫的逃逸时间，能达到保益灭害的效果

较传统诱捕器增大了诱捕范围，提高诱虫效率

图4-3　3BCT-28型太阳能捕虫器

2.应用技术参数标准

控制面积：频振式光源诱控灯之间间距为180 ～ 200米，单灯控制面积为30 ～ 50亩*，控制半径为90 ～ 100米。风吸式太阳能光源诱控灯单灯控制面积为10 ～ 15亩，控制半径为45 ～ 75米，不管哪种类型的光源诱控灯，集中连片应用效果比小面积应用效果好。

开灯时间：早稻、中稻分别在4、5月开始挂灯，水稻收割后关灯。在水稻害虫成虫发生期开灯，其他虫态发生期关灯。每年开灯时间在早稻螟虫初见蛾期至双季晚稻齐穗期，在蛾发生高峰期前5天开灯，开灯时间以每日20时至次日6时为好。具体开灯时间根据全国各地水稻生长期、成虫发生期及天黑时间

_____

＊ 亩为非法定计量单位，15亩＝1公顷。全书同——编者注

不同而灵活掌握。

　　吉林省农业技术推广总站近年来在长春市双阳区、白城市、吉林市永吉县、通化市辉南县等地设立试验示范点，进行光源诱控技术的应用示范。示范结果表明，光源诱控灯诱捕技术可以减少化学农药的使用量，有效控制害虫的发生，对保护生态环境和农产品质量安全起到了重要的作用，对水稻二化螟防治效果较好。

◆ 应用案例1：吉林省长春市双阳区水稻二化螟绿色防控示范区

　　太阳能光源诱控灯诱杀二化螟成虫，从6月10日开始挂灯，7月20日收灯。安装设置光源诱控灯时按棋盘状布局，每10亩地设置多功能便携式太阳能光源诱控灯1台。用直径3～5厘米、长180～200厘米的三根竹竿支成三脚架，将灯挂在三脚架下，挂灯高度为距离水稻120厘米左右。

　　效果调查：从开灯日开始，每天调查各光源诱控灯诱捕的二化螟成虫，对调查结果求和平均，计算出每台灯每天平均诱杀0.73头蛾（图4-4）。

图4-4 双阳区水稻绿色防控示范区

（长春市双阳区农业科学技术推广站 衣绍清）

◆ 应用案例2：吉林省白城市水稻病虫害绿色防控集成技术示范区

吉林省白城市农业技术推广总站于2018年在新天地家庭农场实施水稻病虫害绿色防控集成技术示范。应用风吸式太阳能光源诱控灯4台，用于诱杀防控二化螟成虫，防控面积90亩，6月9日开始开灯，7月9日关灯。每22.5亩地使用浙江省安吉生物科技有限公司生产的AN-S-1009风吸式太阳能光源诱控灯1台。安装位置在水稻田埂边，用水泥浇灌底座。

效果调查：从开灯日开始，每天调查灯诱的二化螟成虫数，对调查结果求和平均，计算出每台灯每天平均诱杀蛾量为14.3头（图4-5）。

图4-5 白城市水稻绿色防控示范区

（白城市农业技术推广总站 安丽芬）

◆ 应用案例3：吉林省吉林市永吉县水稻 二化螟绿色防控示范区

吉林省吉林市永吉县农业站于2019年、2020年连续两年开展水稻二化螟绿色防控示范，采用风吸式光源诱控灯诱杀二化螟成虫，6月15日开始挂灯，8月10日收灯。每20亩地设置浙江托普云农科技有限公司生产的风吸式光源诱控灯1台，灯间距120米，共设置10台。挂灯高度为距离水稻150厘米左右。

效果调查：从开灯日开始，每天调查对二化螟成虫的诱控效果，对调查结果求和平均，计算出每台灯每天平均诱杀蛾量，并于8月初进行田间防效调查。通过2019年和2020年两年调查的数据得出，应用风吸式光源诱控灯防治水稻二化螟田间防效平均为65%（图4-6，表4-1至表4-4）。

表4-1　2019年风吸式杀虫灯诱杀二化螟数量

杀虫灯序号	1	2	3	4	5	6	7	8	9	10	合计	每灯每天平均诱蛾量（头）
诱杀二化螟（头）	36	10	12	48	36	42	36	56	52	60	388	0.68

表4-2　2020年风吸式杀虫灯诱杀二化螟数量

杀虫灯序号	1	2	3	4	5	6	7	8	9	10	合计	每灯每天平均诱蛾量（头）
诱杀二化螟（头）	78	24	28	48	58	80	46	62	72	102	598	1.05

表4-3　2019年风吸式杀虫灯诱杀二化螟技术田间防效调查

处理	调查总株数（株）	枯心株数（株）	白穗株数（株）	白穗率（%）	防治效果（%）
防治区	500	0	3	0.6	62.5
对照区	500	0	8	1.6	/

表4-4　2020年风吸式杀虫灯诱杀二化螟技术田间防效调查

处理	调查总株数（株）	枯心株数（株）	白穗株数（株）	白穗率（%）	防治效果（%）
防治区	500	0	3	0.6	66.7
对照区	500	0	9	1.8	/

图4-6　永吉县水稻绿色防控示范区

（永吉县农业技术推广总站　桑红翠）

二、防控花生害虫应用技术

在花生种植区，光源诱控灯可以诱杀鳞翅目、鞘翅目、直翅目等7目13科的30多种主要害虫，尤其对金龟甲、棉铃虫、甜菜夜蛾、地老虎等常发性害虫诱杀效果明显。

1.光源诱控灯安装与布局

（1）光源诱控灯安装。采用环境友好型LED光源，益虫误引率低，害虫捕杀率高。采用带有自动清虫功能的电击式光源诱控灯或太阳能光源诱控灯进行防治。花生属于低矮作物，装灯高度距离地面60～100厘米。开灯时间结合当地成虫发生特点、季节的变化确定。

（2）田间布局。采用棋盘状分布于田间，灯间距120～150米。杀虫灯布局时应充分考虑安装位置周围树木遮挡等情况，以免造成诱杀效率低下。应集中连片采用杀虫灯进行防治（图4-7）。

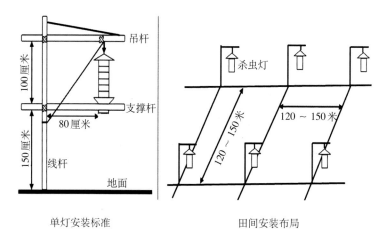

单灯安装标准　　　　　　　　田间安装布局

图4-7　田间安装示意图

2.应用技术参数标准

（1）带有自动清虫功能的电击式光源诱控灯。太阳能板≥40瓦、锂电池≥20安培小时，有光控、雨控、时控功能；具有故障自检显示功能、自动清虫功能、温控功能和倾倒报警功能；灯杆高度2.5米，阴雨2～3天仍可工作。

（2）太阳能光源诱控灯。符合《植物保护机械杀虫灯》（GB/T 24689.2—2017）标准，电击杀＋风吸杀双杀结构，太阳能板≥40瓦、锂电池≥24安培小时，有光控、雨控、时控功能；同时具有故障自检显示功能、自动倒虫功能、温控功能、倾倒报警功能和红外安全感应功能等。灯杆高度2.5米，阴雨2～3天仍可工作。

（3）频振式光源诱控灯。线杆使用直径不小于10厘米的木棍或者是金属管垂直埋在需要安装杀虫灯的地面上，线杆离地面高度不低于250厘米。也可以利用田间现成的电线杆进行安装。吊杆和支撑杆选用直径大于3厘米的木棍或者是金属管，长度不短于110厘米，要紧固于线杆上，吊杆与支撑杆之间的距离100厘米左右，以支撑杆能够拖住光源诱控灯接虫口为准。光源诱控灯接虫口离地面高度为150厘米。光源诱控灯安装距离线杆80厘米，上端要固定在吊杆上，下端接虫口要固定于支撑杆上，防止光源诱控灯受风力影响晃动造成损坏。为确保安全使用，一定要在灯下显著位置标注"高压电网、请勿接触"警示牌，并及时清理高压网线上、捕虫袋内的害虫尸体。

◆ 应用案例：山东省邹城市花生绿色防控示范区

山东省邹城市常年种植花生30多万亩，由于蛴螬等害虫暴发成灾，平均减产15％～20％，严重地块减产

60%～70%。自2008年开始引进推广光源诱控灯诱控技术。目前在邹城市花生产区安装光源诱控灯18 000余盏，实现了全覆盖杀虫，有效控制了害虫的发生危害，取得了显著的经济、社会、生态效益（图4-8）。

图4-8　邹城市花生绿色防控示范区

一、频振式光源诱控灯诱虫效果显著

频振式光源诱控灯能诱杀鳞翅目、鞘翅目、半翅目、直翅目和双翅目等6目16科的花生害虫，对金龟甲和棉铃虫的控害效果显著（图4-9）。

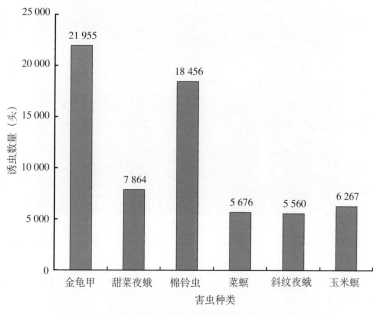

图4-9 光源诱控灯单灯诱杀花生主要害虫数量

害虫高峰期（6月上中旬）单灯平均每天可诱杀害虫17 550头，重量达13.5千克（每千克害虫1 300头左右），其中最多的一天诱杀害虫4万多头，重量高达30.8千克（图4-10、图4-11）。

图4-10　太阳能频振式光源诱控灯田间使用情况

图4-11　单灯5天诱虫量45千克左右

二、频振式光源诱控灯使用关键技术

（1）单灯控制范围。诱杀金龟甲类害虫，单灯控制半径范围以90～110米（面积约55亩）为宜；诱杀棉铃虫、甜菜夜蛾、小菜蛾等鳞翅目害虫，单灯控制半径范围以70～100米（面积约47亩）为宜；诱杀瘿蚊，单灯控制半径范围以50～80米（面积约30亩）为宜；诱杀绿盲蝽，单灯控制半径范围以40～60米（面积约20亩）为宜。总之，花生田单灯控制半径范围掌握在100～110米，面积50亩左右（表4-5）。

表4-5 单个杀虫灯对部分害虫的控制范围

害虫名称	半径（米）	面积（亩）	虫口减退率（%）	备注
金龟甲类	90～110	55	89.8	
棉铃虫	90～120	58	85.7	
甜菜夜蛾	70～100	47	79.8	
小菜蛾	70～100	47	55.8	半径为20～40米，防治效果75.2%
斜纹夜蛾	80～120	55	82.6	
菜螟	60～90	42	76.7	
瘿蚊	50～80	30	31.6	半径为0～30米，虫量减退率53.4%
绿盲蝽	40～60	25	38.5	半径为0～30米，虫量减退率58%

（2）诱虫高峰时段。由于昆虫的活动习性因种类而异，使得光源诱控灯在夜间不同时段诱杀虫量存在差异（表4-6）。观察点从19时亮灯开始，每小时记载1次，至次日凌晨1时共观察6次。鞘翅目、鳞翅目害虫诱杀高峰为19～22时，在这一时段，诱虫量为当夜诱虫总量的79.3%～98.2%，22时至翌日凌晨1时的诱虫量仅占当夜诱虫总量的2%～23.1%（图4-12、图4-13）。同时还发现在夏季闷热、风力较大、有降雨时，害虫扑灯数量少，特别是金龟甲类害虫基本不扑灯。

表4-6 夜间不同时间段单灯诱虫情况统计

	19:00～20:00		20:00～21:00		21:00～22:00	
	虫数	占总量比例（%）	虫数	占总量比例（%）	虫数	占总量比例（%）
鞘翅目	1 567	43.2	823	22.7	402	11.1
鳞翅目	36	31.0	8	6.9	6	5.2

	22:00～23:00		23:00～24:00		24:00～次日1:00	
	虫数	占总量比例（%）	虫数	占总量比例（%）	虫数	占总量比例（%）
鞘翅目	345	9.5	275	7.6	107	5.9
鳞翅目	20	17.2	22	19.0	12	20.7

图4-12　夜间光源诱控灯捕虫效果显著

图4-13　灯诱害虫以金龟甲和棉铃虫为主

（3）适宜用灯时期。试验显示，4月诱虫以棉铃虫、地老虎、金龟甲为主，单灯诱虫1 350头；5月诱虫种类增多，单灯诱虫11 459头；6月金龟甲类是优势种，占诱虫总量的98％以上，单灯诱虫231 900头；7月单灯诱虫97 730头；8月单灯诱虫数量下降为36 520头；9月单灯诱虫12 570头。根据月度单灯诱虫量分析，害虫成虫盛发期在6月上旬至7月下旬，末期在8月上旬至8月底，因此邹城花生产区适宜用灯时间为5月初至8月底。

三、效益分析

通过连续3年的诱虫数量分析，同一地块连年安装光源诱控灯进行诱杀防治，成虫虫口减退率达到79.5％，田间成虫虫口密度显著下降（图4-14）；灯控区蛴螬平均密度从2008年防治前的17.4头／米^{2}下降到2010年的1.22头／米^2。

灯控区全年平均用药次数比常规防治区减少3～4次，亩均节省成本50～60元。灯控区比常规防治区平均每亩增产花生40～50千克，按市场价格6元／千克计算，增加收入

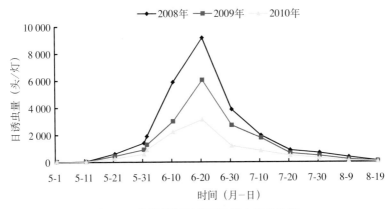

图4-14 连续用灯年份不同诱虫量的比较

240～300元，每亩年节支增收290～360元，经济效益、社会效益、生态效益显著。

四、安全性评价

（1）对人畜、作物及环境安全。光源诱控灯推广使用以来，未发生人畜触电事故，没有反映漏电、放电现象，没有发现对人畜、作物及环境的不利影响。

（2）对天敌伤害小。光源诱控灯在诱杀害虫的同时也诱获部分瓢虫、草蛉、蜻蜓、食蚜蝇等，对天敌有一定的杀伤，通过定时开关灯，有效避开天敌活动高峰，降低影响程度，远远低于化学农药对天敌的杀伤力。

三、防控蔬菜害虫应用技术

在蔬菜田中，光源诱控灯可以诱杀鳞翅目、鞘翅目、直翅目等7目100多种主要害虫，尤其对甜菜夜蛾、小菜蛾、地老虎、黏虫、烟青虫、棉铃虫、玉米螟、草地螟、金龟甲等常发性害虫诱杀效果明显。

1.光源诱控灯安装与布局

安装布局：安装地点选择在防治区有效范围内，选择中心地点且地势较高处为宜，周围无遮拦物，光照通透和管理方便。

控制面积：单灯有效诱距半径100米，两灯间距200～240米，单灯有效控制面积50～70亩。

开灯时间：开灯时间为4月中下旬至10月中下旬。北京地区害虫主要扑灯时间为19～24时，扑灯高峰时段为20～23时，诱杀蔬菜害虫适宜开灯时间一般设定为19～24时。每日诱捕的有效时间为5或6小时。

2.光源诱控灯维护与管理

根据诱杀虫量定期清虫，10月中下旬不再开灯后将虫体全部清理干净。在10月中下旬，关闭诱控灯的电源开关，负载不再输出，蓄电池正常充电，可延长蓄电池及光源的使用寿命。在通电作业的状态下，严禁直接用手接触高压电击网，以防被电击伤。不定期清理太阳能板上的污尘，保障蓄电池的正常充电。

3.局限性与注意事项

光源诱控技术不能控制蔬菜田发生的所有害虫，应根据蔬菜害虫发生情况，有针对性地结合健康栽培、农业防治、理化诱控、生物防治以及科学用药等措施，可以达到更好的杀虫效果。光源诱控灯在山区使用时往往需要增大设灯密度，才能取得预期效果。

◆ 应用案例：北京市延庆区小丰营蔬菜绿色防控示范区

在露地蔬菜及棚室安装太阳能光源诱控灯，可诱杀危害甘蓝、花椰菜、萝卜等蔬菜的小菜蛾、菜青虫、甜菜夜蛾、棉铃虫等成虫，有效压低露地及棚室内虫口基数，控制害虫种群数量。太阳能光源诱控灯根据地块分布进行布局，两灯间距200～240米，单灯控制面积50～70亩。开灯时间4月15日至10月1日。每盏灯在害虫发生期诱虫400～800头/小时，盛发期达2 000～18 920头/小时，可节省农药近50%，部分地区减少2/3的用药量，有效提高蔬菜产品质量安全，促进基地开展有机蔬菜生产（图4-15）。

图4-15　延庆区小丰营蔬菜绿色防控示范区

四、防控果园害虫应用技术

在果园中，光源诱控灯可以诱杀鳞翅目、鞘翅目、直翅目等7目100多种主要害虫，特别是对夜蛾类、卷叶蛾类、灯蛾类、金龟甲等害虫诱杀效果明显。在连片、开阔果园大面积使用效果更好。

1.光源诱控灯安装与布局

频振式光源诱控灯两灯间距160米左右，单灯控制面积30亩左右。太阳能诱控灯两灯间距300米左右，单灯控制面积60亩左右。

2.应用技术参数标准

挂灯高度：树龄4年以下的果园，频振式光源诱控灯挂灯高度以160～200厘米为宜；树龄4年以上的果园、树高超过200厘米的果园，挂灯高度为树冠上方50厘米左右处。

开灯时间：挂灯时间为4月底至10月底。鞘翅目害虫诱杀高峰在每日19～22时，鳞翅目害虫诱杀高峰在每日19～23时，开灯适宜时间为每日19～24时。

◆ **应用案例1：陕西省洛川县绿佳源苹果园应用**
LED太阳能光源诱控灯诱虫技术

田间安装：一般光源诱控灯接虫口距离树冠上部50～60厘米。

田间布局：采用棋盘状分布，单灯的辐射半径为80米，同行两灯间隔和两条相邻线路间隔140～160米，相对独立的果园，害虫危害重时果园外围可适当增加挂灯密度。

开灯时间：害虫成虫每代发生始盛期至盛末期，一般是苹果开花期（4月中下旬）和果实膨大初期（7月上中旬），每晚19时至次日3时。可利用性诱剂监测，以掌握成虫的具体发生初始期。

诱杀效果：洛川县西安宫村、尧头村2个点，设置太阳能光源诱控灯诱杀苹果害虫，从4月15日开灯至9月30日结束，累计诱杀昆虫6目17种110 352头（图4-16），平均单灯日均诱虫209头，诱虫种类以鳞翅目的灯蛾类、夜蛾类、卷叶蛾类和鞘翅目的金龟甲类居前4位，危害苹果的卷叶蛾类、金龟甲类、潜叶蛾类占总诱虫数的32.61%，危害林木的天蛾科及其他昆虫占65.96%。诱到的昆虫中还有部分天敌，以草蛉和瓢虫居多，占总诱杀量的1.43%。

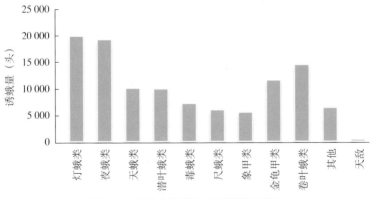

图4-16　LED太阳能杀虫灯诱蛾量调查

控害情况：试验点被害叶（花、梢）率均低于对照区（表4-8）。试验还观察到，以距离灯半径20米处被害叶（花、梢）率最低，距离灯半径10米次之，距离30米最高。但距灯半径5米内的果树苹小卷叶蛾被害梢率明显高于离灯半径10米以外的。

表4-8 苹果树叶片和花朵被害情况调查

调查时间（月/日）	被害叶（花、梢）率（%）					
	金龟甲		金纹细蛾		苹小卷叶蛾	
	灯诱	对照	灯诱	对照	灯诱	对照
4/20	4.3	6.7	/	/	/	/
5/21	/	/	2.1	3.7	0.6	1.5
6/20	/	/	2.5	4.4	1.2	2.5
7/20	5.9	10.3	3.7	5.8	/	/
9/20	/	/	5.8	9.3	1.9	3.8

综合分析，光源诱控灯对苹果害虫金龟甲类和苹小卷叶蛾有一定诱杀力。基于昆虫多样性保护考虑，在金龟甲危害特别严重的果园使用光源诱控灯效果更好，选择在食花、食叶金龟甲危害高峰期（苹果花期前后4月上旬至5月上旬和7月上中旬果实膨大期）2个时间段使用（图4-17）。

图4-17　洛川县绿佳源苹果园光源诱控示范

注意事项：①综合考虑光源诱控灯的波长、波段，果园害虫发生种类对光源诱控灯波长、波段的敏感性，科学选择。②不宜全生育期开灯，以免"滥杀无辜"。果树开花期傍晚开灯时间宜适当推迟至天黑，以免误伤蜜蜂、草蛉等有益昆虫。③及时清除接虫器（袋）中的虫体。

◆ 应用案例2：陕西省洛川县和富县苹果园应用频振式太阳能光源诱控灯诱虫技术

示范地点在洛川县旧县镇荆尧科村、黄章乡方相村、京兆乡三琢洼村和北安善村、百益乡仁里府村，示范面积755亩（图4-18）；富县羊泉镇候家庄村、吉子现镇安子头村、北道德乡上高池村、交道镇交道村、钳二乡下良村，示范面积1 200亩（图4-19）。果园树龄11～15年，主栽品种红富士，果树行株距4米×3米，树势较强，果实套袋，管理水平较高。

田间布局：设双排式和单排式两种。双排式灯行距宽40米（10行树），两灯间距30米和50米分别安灯。单排式灯行距宽32米，按每8行树从地头向里20米处分别安装，灯高统一按2.5～2.8米安装。

开灯时间：4月21日开灯，9月底结束。

诱杀效果：洛川县累计诱杀昆虫种类6目14科26种，平均单灯日诱杀害虫283头，最多805头。富县累计诱杀害虫6目14科26种，平均单灯日诱杀害虫305头，最多858头。其中诱杀的苹果园害虫主要有鳞翅目夜蛾科的苹果剑纹夜蛾，毒蛾科的角斑古毒蛾，尺蛾科的桑褐翅尺蛾、枣尺蛾，卷叶蛾科的苹大卷叶蛾、苹小卷叶蛾，细蛾科的金纹细蛾，潜叶蛾科的银纹潜叶蛾，鞘翅目金龟甲科的黑绒鳃龟甲、苹毛丽金龟，诱虫量占总数的36.69%；其他昆虫占62.04%，主要为危害林木的鳞翅目天蛾科、夜蛾科、灯蛾科、螟蛾科、刺蛾科，半翅目蝉科的小青叶蝉和大青叶蝉、缘蝽科，双翅目蝇科，膜翅目胡蜂科等。诱到的天敌主要有七星瓢虫、草蛉、小姬蜂等，占1.27%。

注意事项：①综合考虑光源诱控灯的波长、波段，果园害虫发生种类对光源诱控灯波长、波段的敏感性，科学选择。②不宜全生育期开灯，以免"滥杀无辜"。果树开花期

图4-18　洛川县苹果园光源诱控技术示范

图4-19　富县苹果园光源诱控技术示范

傍晚开灯时间宜适当推迟至天黑，以免误伤蜜蜂、草蛉等有益昆虫。③及时清除接虫器（袋）中的虫体。

五、防控棉花害虫应用技术

光源诱控灯诱控棉田害虫主要种类为地老虎、棉铃虫、斜纹夜蛾等。

1.光源诱控灯安装与布局

布灯方式：采用棋盘状（图4-20）或闭环状（图4-21）分布。

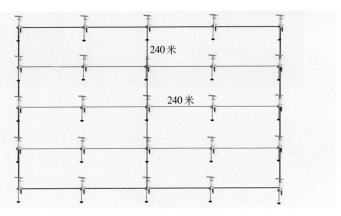

图4-20 棋盘状分布示意图

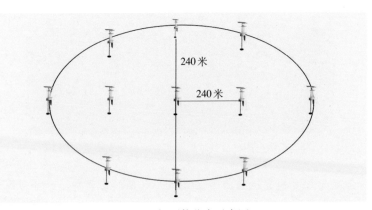

图4-21 闭环状分布示意图

2.应用技术参数标准

挂灯高度：光源诱控灯挂灯高度以1.5米左右为宜，灯杆高度以2米为宜（图4-22）。

2米

1.5米

图4-22　挂灯高度示意图

控制面积：两灯间距240米左右，单灯控制面积60亩左右，若在千亩以上大面积应用，单灯控制面积可扩大到60～80亩。

开灯时间：挂灯时间为棉铃虫发蛾高峰期开始，开灯时间以每日22:30至次日4:30为宜。

◆ 应用案例：新疆沙湾县棉花病虫害绿色防控示范区

棉花生育期灯光诱杀棉铃虫技术，每60亩配置一盏频振式光源诱控灯，于田间内顺行棋盘式架设，高度不低于1.5米。当测报灯诱杀到第一头成虫后（一般时间在4月20日左右），全面开灯诱蛾，及时收虫并更换接虫袋，于8月底9月初关灯（图4-23）。

图4-23　沙湾县棉田用灯实例

六、防控玉米害虫应用技术

光源诱控防治玉米害虫的种类主要包括玉米螟、黏虫、小地老虎等（图4-24）。

图4-24　玉米喇叭口期光源诱杀玉米螟

1.光源诱控灯安装与布局

一般采用棋盘状或闭环状分布，尽量将灯安装在田边。

2.应用技术参数标准

挂灯高度：光源诱控灯挂灯高度2.2米（灯接虫口处距离地面高度），太阳能板方向朝向正南。

控制面积：两灯间距100 ～ 150米，单灯控制面积30 ～ 45亩，单灯控制半径为100米。

开灯时间：一般每晚20时开灯，凌晨4时关灯。

◆ 应用案例：山西省孝义市玉米绿色防控农药减量增效示范区

玉米绿色防控农药减量增效示范区设在孝义市大孝堡镇东盘粮村富东农机专业合作社，示范区面积300亩。采用太阳能频振式光源诱控灯诱杀小地老虎、玉米螟成虫。从4月中旬小地老虎成虫始盛期开始安装使用太阳能光源诱控灯，至6月初结束，主要诱杀小地老虎（图4-25、图4-26）。

从6月上旬玉米螟成虫始盛期

图4-25　孝义市光源诱控玉米害虫示范区

图4-26 2020年4月21日示范区二号灯诱到的小地老虎

开始，一直到8月底春玉米收割前结束，主要诱杀玉米螟。连片灯防区内，在不同区域内选出3盏灯，并编为一、二、三号灯，用于定点观测和调查。每天上午9～10时对选取的3盏太阳能光源诱控灯进行诱集玉米螟虫量调查，以明确防效。

七、防控茶树害虫应用技术

光源诱控技术诱杀茶园的主要害虫包括小贯小绿叶蝉、灰茶尺蠖、茶毛虫、茶网蝽和绿盲蝽以及金龟子等。

1.光源诱控灯的安装与布局

一般采用棋盘式、闭环式或"之"字形布局，根据具体茶园地形、地势采取不同布局方式。

2.应用技术参数标准

挂灯高度：光源诱控灯挂灯高度为2.5～3米，太阳能板方向朝向正南。

控制面积：两灯间距100 ～ 150米，单灯控制面积20 ～ 40亩，单灯控制有效半径为100米左右。

开灯时间：一般每晚19时开灯，次日凌晨3时关灯。

◆ 应用案例1：四川省宜宾市茶树病虫害绿色防控示范区

每25亩左右安装一盏风吸式太阳能光源诱控灯，诱杀到的害虫主要有茶尺蠖、茶小绿叶蝉、蝽类、茶毛虫、金龟子等，在害虫成虫羽化期开灯，每晚开灯4 ～ 6小时，重点诱杀季节为夏秋季。风吸式光源诱控灯高峰期捕虫量近200克/天，对步甲、瓢虫、寄生蜂等天敌有一定的诱杀作用，益害重量比1 ： 118.6。以灯为中心调查灯下不同距离处茶小绿叶蝉密度，结果均比空白对照区小，且随着与诱控灯距离的增加，茶小绿叶蝉密度也随之增加，表明诱控灯对茶小绿叶蝉有一定的防控作用。每20亩安装一盏电击式光源诱控灯，通过光控开关机，平均捕虫量120.5头/天，益害数量比1.9 ： 100（图4-27）。

图4-27　宜宾市高县大雁岭茶园示范区

◆ 应用案例2：成都市蒲江县茶树病虫害绿色防控示范区

　　茶园按灯距50米、行距50米安装电击式光源诱控灯，每天19时至次日6时开灯，诱杀到的害虫主要为鳞翅目、鞘翅目、半翅目害虫，双翅目和直翅目害虫较少。单盏灯诱虫量可达136.9头/天，益害数量比达1∶72.6（图4-28）。

图4-28　成都市蒲江县同心茶园示范区

◆ 应用案例3：巴中市茶树病虫害绿色 防控示范区

　　绿色防控示范区采用电击式杀虫灯＋黄板＋绿僵菌的组合，常规防治区采用常规化学农药防控。对茶小绿叶蝉的防效绿色防控区高于常规防治区，对螨类的防效绿色防控示范区略低于常规防治区，对茶蚜的防效绿色防控示范区高于常规防治区，表明绿色防控模式能持续地控制茶园茶小绿叶蝉等害虫数量，未诱杀到茶尺蠖、茶毛虫、刺蛾成虫。风吸式诱控灯每30亩安装一盏，天黑光控自动开机工作6小时，平均捕虫量107.2头/天，以蜷类、金龟子为主，益害数量比2.1：100（图4-29）。

图4-29　巴中市平山县鹿鸣镇茶园示范区

第五章

光源诱控常见应用技术问答

一、昆虫为什么会趋光

1.昆虫如何感受到光？

昆虫通过视觉系统感受外界光信号。昆虫的视觉系统主要由视觉器官、视叶和一些神经纤维通路组成。由视觉器官把光信号转换为电信号传到视叶，最后到脑，是对光信息进行编码、传输和解码的一个过程。通过信息接受、整合和传递的系列过程，最终使得昆虫能够感受到光并对其做出反应。其中，视觉器官有复眼、背单眼和侧单眼；视叶分为神经节层、外髓、内髓板和内髓。视觉系统在昆虫求偶、觅食、休眠、滞育、寻找同伴、躲避天敌和决定行为方向等过程中都起重要作用。

2.昆虫的感光器官是什么？

昆虫的感光（视觉）器官包括复眼和单眼，单眼分背单眼和侧单眼；昆虫的其他部位也存在着光感受器。

复眼主要存在于绝大多数成虫和不全变态类的若虫中。复眼成对，位于头部两侧，呈半球形、肾形或不规则状。小眼是其结构和功能单元。除识别物体和光谱外，许多昆虫的复眼还具有偏振敏感性。

背单眼存在于大多数成虫和半变态类的若虫中。昆虫常具有3个半球状背单眼，呈倒三角形排列在两复眼之间，可探测光强度的变化，利用偏振光导航，调节负趋光行为等。侧单眼是全变态类昆虫幼虫的感光器官，呈弧形或环形排列于头部两侧的触角基部，形似背单眼。可形成一个相对聚焦的图像，具有对光谱、偏振、物体形状和运动的感知能力。

3.是不是所有的昆虫都趋光？

不是所有昆虫都趋光，有的昆虫是避光的。昆虫中蛾类趋向光源最为明显，飞蛾扑火就是对该行为最经典的描述。然而，蟑螂和白蚁等则具有明显的避光行为。

4.昆虫为什么有日行性和夜行性之分？

日行性是指昆虫白天活动，夜晚休息；而夜行性则相反。正是根据昆虫的周期性活动规律将其分为日行性和夜行性。虽然日行性和夜行性的进化起源仍没有明确的论断，但已发现夜行性昆虫进化出高度发达的听觉、视觉等器官帮助其适应夜晚的活动环境。

5.昆虫的趋光性有什么进化意义？

昆虫的趋光性以对光的接收识别为基础，昆虫的视觉感知能力高度发达，主要依赖于眼睛。昆虫的复眼可成像，而单眼一般仅能感受光的强弱和方向。目前，昆虫已演化出多种复杂的眼睛类型。觅食、寄主鉴定、交配选择和长距离迁飞等视觉引导行为的进化推动了昆虫眼睛的进化。多种眼睛类型对于昆虫适应白天及夜晚，适应陆地、空中、水底及水体表面等生存环境具有重要意义，是昆虫物种多样性的重要组成部分。

6.昆虫趋光为什么不向太阳和月亮飞去？

趋光昆虫常靠太阳、月亮和星光来导航。因为这些均是极远光源，到了地面可以看成平行光，与光线方向保持固定角度就可以直线飞行，因此昆虫不会向太阳和月亮飞去。

然而，近地面光源的光线呈中心放射状，趋光昆虫仍然与光线保持固定角度（小于90°）飞行，就会造成绕灯飞行的现象，即我们所见的昆虫趋光行为。

7. 昆虫的趋光性与其求偶生殖有没有关系？

有关研究发现，波长为590纳米时，棉铃虫交尾率由对照89.1％降至处理的52.5％，同时交尾次数也减少；波长为505纳米和590纳米时，会延长棉铃虫的产卵历期，降低孵化率。光强对昆虫的求偶行为有一定影响。棉铃虫的求偶行为在0.5勒克斯时最活跃，在50勒克斯时则受到抑制；梨小食心虫在400勒克斯时常见求偶，＜3勒克斯时，求偶活动程度明显降低。

8. 昆虫的正、负趋光行为基于怎样的生理需要？

昆虫的正、负趋光行为与其特殊的视觉系统有关，视觉系统中的光感受器是昆虫趋光行为的内在生理基础，视觉系统对昆虫寻找食物、配偶、栖息场所及记忆有重要影响。

生物天线假说提出，昆虫趋光由求偶行为所致，即昆虫的触角可以感受信息素分子的振动而相互吸引，灯光中的远红外线光谱与信息素分子的振动谱线一致，昆虫触角可以感受该信息导致趋光。

9. 昆虫趋光在行为上有哪些表现呢？

昆虫趋光在行为上表现为：①光强度较弱时，昆虫在灯周围盘旋，然后落在灯下地面上；②光强度中等时，昆虫在灯周围盘旋直至扑灯；③光强度很强时（如探照灯），昆虫会晕眩并直接落地。

10. 昆虫是主动趋光还是被动趋光呢？飞到灯光下的昆虫还会飞走吗？

被动趋光。夜晚活动的昆虫多数依靠月光和星光来导航，因为这些均是极远光源，光到了地面可以看成平行光，能作为参照来做直线飞行。而人造光源较近，光线呈中心放射状，昆虫还按照与光线的固定夹角飞行，结果其飞行轨迹就呈螺旋状，最终飞向人造光源。这也导致了飞到灯光下的昆虫不会飞走。

二、如何利用光源诱控技术防治害虫

11. 在农作物害虫诱控中，有哪些光源诱控灯可以选用？

光源诱控灯是根据部分昆虫成虫趋光的特性，利用能发出昆虫敏感光谱的人工光源，诱集并能有效杀灭害虫的专用装置。目前，市场上光源诱控灯种类和名称很多，例如灭虫灯、诱虫灯、黑光灯、频振灯等。根据诱虫光源种类，光源诱控灯可分为黑光灯、高压汞灯、频振灯和LED灯等；根据光源诱控灯供能来源，光源诱控灯可分为交流电式和太阳能式；根据对害虫的杀灭方式，光源诱控灯又可分为电击式、水溺式、风吸式、毒杀式等。只要是符合国家相关标准生产的光源诱控灯，均可选择用于农作物害虫的诱控。

12. 害虫光源诱控技术有哪些优点？

光源诱控是一项农作物害虫绿色防控技术，具有无污染、杀虫谱广、诱虫量大、操作简便等优点。采用光源诱控技术防控农作物害虫，诱杀成虫而压低害虫发生的虫源基数，降低化学农药的使用，特别是对小菜蛾、甜菜夜蛾、棉铃虫、二化螟等害虫的抗药性治理十分有效，该技术可以作为化学防治的替代技术。

13. 使用光源诱控灯防治害虫真能减少农药的使用量吗?

是的。光源诱控灯是通过物理方法诱杀害虫的成虫，能大大压低田间害虫发生的种群基数。大量的试验表明，与常规防治相比，使用光源诱控灯防治害虫每茬作物可减少用药 2 ~ 3次，既减少了农药用量，降低农药残留，也减少了环境污染和人畜中毒事件。

14. 光源诱控灯防治害虫投入成本是否非常大?

光源诱控灯的控制面积大，使用年限长，每盏光源诱控灯有效控制面积可达 20 ~ 30 亩，一次投资可连续使用 5 ~ 6 年，一次安灯，多年受益，亩均投入成本低。此外，使用光源诱控灯每年减少人工用药 2 次以上，以每灯控制 30 亩计算，可以节约用药用工成本。

15. 应用光源诱控技术后，农作物害虫防控是否就可以完全不使用其他措施?

不一定。该技术只对具有趋光特性的害虫有效，能有效压低虫源基数，但在害虫种群密度较高时，需要使用其他技术一起实施综合防控。

16. 光源诱控技术适用于哪些农作物的害虫防控?

光源诱控技术对危害水稻、小麦、棉花、玉米、大豆、甘蔗、蔬菜、果树、茶叶、花卉、烟草等作物上的许多重要害虫具有显著的诱杀效果。例如，水稻害虫——二化螟、三化螟、稻纵卷叶螟、稻飞虱；麦类害虫——黏虫；棉花害虫——棉铃虫、烟青虫、红铃虫；玉米害虫——玉米螟；蔬菜类害虫——

小菜蛾、甜菜夜蛾、斜纹夜蛾；地下害虫——金龟子、蝼蛄、地老虎等。

17. 光源诱控灯在田间应该如何安装？

不同类型的光源诱控灯在安装使用上有差异，一般由光源诱控灯生产厂家技术人员负责或指导安装。

18. 光源诱控灯应该安装在什么地方呢？

光源诱控灯安装时应尽量选择开阔地，周边没有特殊地形或物体阻挡光源诱控灯的灯光，但应尽量避开路灯或者晚上环境亮度较大的地方，以免影响诱虫效果。对于太阳能光源诱控灯，应该安装于太阳能电池板一整天都能接收到太阳光线的地方。

19. 大范围使用光源诱控灯诱杀害虫时，田间安装如何布局？

田间安装光源诱控灯时，多采用棋盘式、闭环式或小"之"字形布局。棋盘式一般在比较开阔的地方使用，闭环式主要针对局部危害较重的区域，以防止害虫外迁，小"之"字形主要应用在地形较狭长的地方。

20. 大范围诱杀害虫时，田间光源诱控灯之间相距多远为宜？有效防控面积有多大？

通常，灯光诱虫的有效范围80 ～ 100米，田间安装时两灯距离可掌握在100米左右。一般来说，15瓦的光源诱控灯，每盏的有效控制面积达20 ～ 30亩。

21. 光源诱控灯安装多高比较合适？

灯光诱虫的有效范围与光源诱控灯安置高度也有一定关系。俗话说"高灯远照"，光源诱控灯安装的位置较高，有效范围也较大；但安装位置太高，不便于操作，诱虫效果也不好。

安装高度一般在100～150厘米，但应结合当地情况、种植作物、诱捕主要害虫种类等决定。例如，以种植十字花科蔬菜或其他低矮作物为主的大田安装光源诱控灯时，装灯高度为底座距离地面65厘米左右；棚架蔬菜（如四季豆）安装高度为100～120厘米；果园中光源诱控灯安装应高出树冠30厘米；稻田光源诱控灯安装高度以高出水稻植株150厘米为宜。

22.光源诱控灯是否可以常年挂于田间？

不提倡常年将光源诱控灯挂于田间，非效用阶段（如冬季）回收保管为宜。每年挂灯的时间与作物的不同类型及害虫的发生高峰期密切相关，一般选择在成虫高发期前挂灯、开灯，羽化末期或收割后收灯。例如：①水稻在4～5月开始挂灯，收割后收灯，于发蛾高峰期前5天开灯；②玉米在玉米螟羽化初期开灯，到羽化末期结束后收灯；③蔬菜挂灯时间为4月底至10月底；④花生田在5月初至9月初挂灯。

23.使用光源诱控灯诱杀害虫需要夜间一直开灯吗？

昆虫对光的趋性在不同时段的表现不同，大部分昆虫在19～24时之间表现出较强的趋光性，不同作物上的不同害虫，开灯时间应有所不同。例如：①诱杀水稻螟蛾的开灯时间最好在天黑到凌晨1时；②诱杀玉米田玉米螟的开灯时间最好在天黑到凌晨1时；③诱杀蔬菜田主要害虫的开灯时间可掌握在天黑到凌晨4时；④诱杀花生田金龟子一般上半夜开灯即可。

24.光源诱控灯诱集到的虫子越多说明光源 诱控灯的效果越好吗？

不一定。主要看诱集到的是否为靶标害虫（即防治对象）。

25.光源诱控灯会诱杀田间的益虫，所以光源诱控灯不能使用吗？

这种看法不正确。与化学农药防治不同，灯光诱虫时害虫和益虫都不会被完全诱杀，而是把益虫和害虫量都控制在一个较低的水平上，维持了生态平衡。

26.光源诱控灯是否会把别人田里的害虫引到自己田里来？

光源诱控灯在小面积使用时偶尔会有此类情况发生，但大面积连片使用时就不存在这个问题了。

27.使用光源诱控灯的田块，为什么光源诱控灯附近的虫子有时变多了？

这种情况是存在的。部分光源诱控灯诱集过来的害虫并未飞至灯源，而停留在光源诱控灯附近的作物上。如果发现光源诱控灯附近虫量突然变大，可小范围内集中用药杀灭。

28.哪些因素会影响光源诱控灯的诱虫效果？

影响光源诱控灯诱虫效果的主要因素包括：光源诱控灯的光波和光强，害虫种类和作物种类，以及温度、湿度、降水和气压等气候因子。

29.光源诱控灯可以和性诱剂联合使用吗？

可以。光源诱控灯和性诱剂的杀虫原理不同，两种措施都有显著的诱虫效果，在田间合理使用两种产品的组装技术，可以提高对害虫的防控效果。

30.当光源诱控灯的诱虫效果不好时，应采取什么措施？

当光源诱控灯的诱虫效果不好时，可以选择使用生物防治和化学防治等措施，以避免经济损失。

31.田间使用光源诱控灯时，遭遇下雨天等不良天气怎么办？

雷雨不良天气条件下，应关闭光源诱控灯。目前，光源诱控灯均具有光控、雨控功能，可自动关闭光源诱控灯，使用过程中应注意检查光源诱控灯是否处于正常工作状态。

32.光源诱控灯应该如何进行日常维护？

安排专人管理和维护光源诱控灯，每周清理灯具虫袋，倒掉集虫袋或集虫器内的脏水，清除电网虫体，提高诱虫效率。①及时取下杀虫袋，清除袋内的害虫。光源诱控灯安装初期2～3天清理一次杀虫袋，后期一周清理一次。太阳能光源诱控灯还应定期清理太阳能板上的灰尘、树叶、鸟粪等杂物，提高充电效率。②保持灯具高压电网、灯管的清洁。对于不具备自动清虫功能的光源诱控灯，应定期用刷子将电网、灯管上的虫体刷干净，保持电网、灯管的清洁，提高光源诱控灯的诱虫效果。一般7天清理一次，害虫高峰期2～3天清理一次。具备自动清虫功能的光源诱控灯，应注意观察自动清虫功能是否正常。

33.光源诱控灯是否能用于日常照明？

不能。近年广泛应用于生产的频振灯作为一种特殊光源，可能会灼伤人体的皮肤，不能用于照明。

34.正确使用光源诱控灯会对人畜有害吗？

不会。只要人畜不被光源诱控灯长时间照射，光源诱控灯不会对人畜产生危害。

35.光源诱控灯可否用于有机农业种植？

可以。使用光源诱控灯防治害虫属于物理防治技术，绿色环保，不会污染农产品。

三、光源诱控技术存在的问题与发展前景

36.目前推广的光源诱控技术存在什么问题？

任何一项害虫防控技术都有其优缺点，光源诱控技术也不例外。光源诱控技术尚存在三大技术瓶颈。①高效性，目前光源诱控技术的防治效果尤其是对靶标害虫的防治效果还有待进一步提升，有时表面上看每天诱集到一大堆虫，但实际上靶标害虫并不多。②安全性，这更是备受外界质疑的大问题，现有的光源诱控灯没有选择性，对害虫、益虫、中性昆虫基本上都有诱集作用，灯四周安装的高压电网，只要碰灯不死即伤。③智能化问题，目前普遍使用的灯具智能化程度较低，基本依靠手工操作，很难发挥光源诱控的作用。正是这些问题的存在制约了光源诱控技术的发展。

37.欧美发达国家为什么很少使用光源诱虫技术？

欧美发达国家，如美国、澳大利亚、加拿大等，也有利用灯光控制害虫的研究报道，但大都在比较封闭的环境里，如温室、仓库等，日本则比较广泛地应用灯光诱控害虫。欧美发达国家在野外很少使用灯光诱控害虫的原因是没有研发出对昆虫具有选择性的光源。现有产品在诱杀害虫的同时，把中性昆虫

和天敌昆虫都诱杀了，这对生物多样性和生态平衡是具有破坏性的。

38. 长期使用光源诱控技术，害虫会不会产生抗性?

基层植保技术人员经常会抱怨，诱虫灯诱到的虫子愈来愈少，是不是昆虫产生了抗性? 其实不然，这种情况的出现主要是因为光污染的问题。一方面，在20世纪五六十年代，中国农村大部分地区没有通电，一到晚上，到处一片漆黑，在田中点燃一盏煤油灯都可以诱到不少昆虫，现在农村发达了，到处有路灯、电灯，诱虫灯如果没有特别吸引力的话，昆虫在一片灯光中就会迷向，不知应飞向何处? 另一方面，昆虫从接受光刺激到扑灯是一个复杂的过程，现已证明是光胁迫的问题，因此，不必担心产生抗性。试想我们的祖先早在2 000多年前就发现了昆虫趋光的现象，按照进化论和自然选择的规律，如果昆虫能对光产生抗性的话，那么现在应该早就没有趋光的昆虫了。

39. 如何提高灯光对靶标害虫的诱控效果?

多年的研究发现，不同昆虫种类对光波长的敏感性或选择性是有差异的。尽管某一波长的光能诱到很多种害虫，但并不是每种害虫都最喜欢这种波长的光。利用害虫对光波长的选择性，研制针对某种害虫的专用灯，才能大大提高灯光对靶标害虫的诱控效果。

40. 如何解决光源诱控技术中的天敌保护问题?

光源诱控灯最让业内专家、学者质疑的就是对天敌和中性昆虫的杀伤问题。解决光源诱控灯天敌保护有三大技术要点。①去掉光源诱控灯周围的高压杀虫电网，从根本上解决昆虫扑灯不死即伤的问题。②根据靶标害虫选择特定波长的光源，根据靶标害虫上灯节律，设置开关灯的时间，这样可大大减少上灯的天敌及中性昆虫种类（波长特异性），可大大减少天敌及中性昆虫上灯的时间和概率（开灯时间可缩短2/3）。③在光源诱控灯上安装保益灭害装置，进入集虫袋/箱中的天敌可通过逃生门逃出，这样就可大大减少对天敌的伤害，保护生物多样性和生态安全。

41. 光源诱控技术应用的策略是什么？

光源诱控技术应用的策略是"推拉与复合诱控"。具体内涵是：①白天诱集与夜晚诱集相结合，白天对日行性昆虫采取色板诱集，晚上对夜行性昆虫采取灯光诱集。②物理诱集与化学诱集相结合，即灯光、色板诱集与性信息素、食诱结合。③灯光诱集与灯光驱避相结合，在发展诱虫灯的同时，研发驱蛾灯、驱虫灯，在一个系统中诱虫灯与驱虫灯同时使用，这种推拉加上复合诱控的策略，能够更加有效地防控害虫。

42. 目前我国关于光源诱控技术的国家标准有哪些？

目前我国颁布的关于光源诱控技术的国家标准包括：《植物保护机械 杀虫灯》（GB/T 24689.2—2017）和《农用诱虫灯应用技术规范》（NY/T 3697—2020）两项，对杀虫灯的安全要求、技术要求、试验方法、检验规则、使用说明及防控效果评价、使用维护及安装后验收等进行了详细的阐释。

43. 未来光源诱控技术的发展方向是什么？

光源诱控技术是害虫绿色防控的主体技术之一，未来对光源诱控技术的要求会越来越高，会朝着"高效、专化、安全"的目标发展。主要创新发展有以下几个方面：①新能源、新光源的发掘，除现有的交流电、太阳能外，还可考虑直流电、沼气等能源，在光源方面则有更大的发掘空间。②高效专用光源诱控灯，针对某种主要害虫设计专用灯，诱控效果好，同时对其他中性昆虫和天敌有保护作用。③全面提升智能化程度，不需要人工操作，且可实现区域化智能控制。④光陷阱——光源诱控灯新理念的推广。⑤推行"推拉加复合诱控"的灯光诱控策略。⑥普通农户都能用得起的产品，企业通过革新降低生产成本，政府给予补贴，一般农户都能买得起、用得起，真正能惠及千家万户。

44.光源诱控技术是否符合国家产业政策，发展前景如何？

我国将大力推进农业绿色发展，绿色防控是农业绿色发展的重要内容。光源诱控技术是重要的绿色防控技术措施，符合国家的产业政策。目前，农作物病虫害绿色防控覆盖率还有很大的提升空间，光源诱控技术应用前景广阔。

图书在版编目（CIP）数据

农作物害虫光源诱控技术 / 全国农业技术推广服务中心组编；朱景全，朱晓明主编．—北京：中国农业出版社，2022.2

（农作物病虫害绿色防控技术丛书）

ISBN 978-7-109-29135-5

Ⅰ．①农… Ⅱ．①全…②朱…③朱… Ⅲ．①作物-植物害虫-灯光诱杀 Ⅳ．①S475

中国版本图书馆CIP数据核字（2022）第029855号

中国农业出版社出版

地址：北京市朝阳区麦子店街18号楼

邮编：100125

责任编辑：阎莎莎

版式设计：王 晨 责任校对：吴丽婷 责任印制：王 宏

印刷：中农印务有限公司

版次：2022年2月第1版

印次：2022年2月北京第1次印刷

发行：新华书店北京发行所

开本：880mm×1230mm 1/32

印张：2.75

字数：65千字

定价：26.00元

版权所有·侵权必究

凡购买本社图书，如有印装质量问题，我社负责调换。

服务电话：010-59195115 010-59194918